AF330408

RÉSECTION CUNÉIFORME

DU GENOU

POUR

UNE ANKYLOSE ANGULAIRE OSSEUSE

AVEC SAILLIE EN DEDANS.

GUÉRISON.

Observation présentée à la Société de médecine de Strasbourg

PAR

LE Dr E. BOECKEL

PROFESSEUR AGRÉGÉ A LA FACULTÉ DE MÉDECINE DE STRASBOURG

CHEF DES TRAVAUX ANATOMIQUES.

STRASBOURG

TYPOGRAPHIE DE G. SILBERMANN.

1866.

RÉSECTION CUNÉIFORME

DU GENOU

POUR

UNE ANKYLOSE ANGULAIRE OSSEUSE

AVEC SAILLIE EN DEDANS.

L'opération dont je rapporte un exemple n'a encore été pratiquée qu'une seule fois dans ces conditions, par Bauer, de
New-York[1]; encore ne s'agissait-il pas d'ankylose, mais d'un
genou valgus d'origine traumatique. On connaît bien une
quinzaine de résections cunéiformes du genou[2], mais elles ont
été faites pour des ankyloses angulaires avec flexion de la
jambe et saillie antérieure. Or la différence est considérable :
quand le genou est simplement fléchi et qu'il n'est pas suscep-
tible d'être redressé par le brisement forcé, on peut encore
arriver à faire marcher le malade tant bien que mal avec une
sellette, et l'opportunité d'une opération de complaisance aussi
grave que la résection cunéiforme peut être mise en doute.
Quand, au contraire, la saillie du genou ankylosée s'est pro-
duite en dedans, la jambe étant étendue, mais faisant un angle
obtus avec la cuisse, il n'est plus question de sellette; le malade ne peut même pas se servir de béquilles, car à chaque
pas sa jambe déviée vient frapper la tige de la béquille et le
fait trébucher. A moins donc de le condamner à une immo-

---

[1] L. Bauer, *Résection du genou*, dans *Archiv f. klin. Chirurgie*,
de Langenbeck, 1862, vol. II, p. 644.

[2] Voy. la thèse de M. Guillemin, *Des indications et des contre-
indications de la résection du genou dans les cas d'ankylose.* Thèses
de Strasbourg, 1865, n° 880.

bilité absolue, il est permis d'entreprendre une opération sérieuse pour lui rendre la déambulation possible.

C'est ce qui a été fait avec plein succès sur le malade que j'ai présenté à la Société de médecine de Strasbourg dans sa séance du 21 juin 1866.

Le commencement de l'observation a été recueilli par M. Guillemin, alors interne du service de chirurgie, et consigné dans sa thèse inaugurale citée plus haut; nous la complétons ici :

Henri Murat, né à Wesserling, âgé de quarante-huit ans, forgeron, entre à l'hôpital de Strasbourg, le 27 juillet 1865, pour une affection du genou. C'est un homme marié, de petite taille; son système musculaire est assez peu développé; il a eu dans sa jeunesse une affection cutanée dont il porte encore actuellement les traces. On trouve, sur la face externe des articulations, des plaques de psoriasis bien caractérisées.

A l'âge de quatorze ans il eut une arthrite suppurée du genou droit, et garda pendant trois ans une fistule. Finalement ce genou guérit, et cet homme put apprendre le métier de forgeron.

Depuis ce temps, le genou n'avait pas été autrement malade. Cependant, il y a six mois, sans causes bien évidentes, le genou droit s'enflamma de nouveau, il se forma plusieurs abcès, et le malade fut obligé d'entrer à l'hôpital de Winterthur (Suisse), où il travaillait.

Après six mois de traitement, il en sortit guéri, mais avec des déformations considérables qui, le privant absolument de l'usage de ce membre, le condamnaient à l'inaction.

Le 27 juillet, il entre à la clinique chirurgicale, demandant qu'on remédie à cette déformation, et se livrant entièrement à la discrétion du chirurgien. En l'examinant, M. le professeur Bœckel constate l'état suivant : le genou droit est ankylosé, et selon toute apparence par soudure osseuse; la jambe est presque dans l'extension complète, mais le tibia forme avec la cuisse un angle obtus ouvert en dehors, et de plus il est dans un certain degré de rotation en dehors, de façon que le condyle externe du tibia se trouve un peu en arrière de la surface articulaire correspondante du fémur.

La rotule est soudée aux condyles. Au pourtour du genou et jusqu'au tiers inférieur de la cuisse, on trouve de nombreuses traces de
fistules qui ne fournissent plus de pus, et le malade affirme que par
ces ouvertures il n'est sorti que d'insignifiantes parcelles osseuses.

Toute la moitié inférieure du fémur est considérablement augmen-
tée en épaisseur. Il y a eu là évidemment une périostite qui s'est ter-
minée par une hyperostose. De plus, on doit supposer l'existence
antérieure d'une ostéite, qui a fait disparaître une partie du condyle
externe et a probablement raréfié le tissu des condyles. Il existe encore un point douloureux au niveau du condyle interne du fémur, qui
fait une forte saillie en dedans. Les téguments qui le recouvrent sont
rosés; du reste, le malade ne souffre pas; l'appétit est conservé;
mais la marche est presque impossible même avec des béquilles,
parce que la jambe droite déviée en dehors s'y embarrasse et les fait
glisser. Ajoutons que, sans être adonné à l'ivrognerie, il a l'habitude
de boire près de deux litres de vin par jour.

Il a entendu dire que par une opération on pourrait lui redresser
la jambe, et bien qu'on lui représente que ce n'est pas sans danger,
il demande absolument à être délivré de son infirmité. Avant de
l'opérer, M. le professeur agrégé Bœckel le soumet pendant trois se-
maines à l'usage de l'iodure potassique, à la dose de 1 gramme par
jour, pour tâcher de combattre le reste d'ostéite qui persiste dans le
condyle. En même temps on le nourrit copieusement et on lui accorde
deux litres de bon vin par jour.

Le 24 août, à la clinique, en présence de M. le professeur Bach,
MM. les professeurs agrégés Herrgott, Sarazin, MM. les docteurs
Sonrier, Cochu et un certain nombre d'élèves, M. le professeur
agrégé Bœckel procède à la résection du genou. Le malade est soumis aux vapeurs du chloroforme; puis on taille un large lambeau
demi-circulaire à convexité inférieure, qui commence au quart inférieur de la face interne de la cuisse, passe sous la rotule et remonte
un peu moins haut sur le côté externe. L'incision passe par les cicatrices de cinq ou six fistules; le tendon du triceps est coupé, puis on
arrive à la rotule, qu'on trouve fixée par des adhérences fibreuses aux
condyles. On détruit ces brides, et comme l'os est sain, on le relève
avec le lambeau sans l'enlever. Les condyles sont ensuite dénudés un
peu au-dessus de leur partie la plus large. Avec la sonde articulée de

Blandin on passe entre la face postérieure de l'os et les parties molles; on divise nettement le périoste à ce niveau. On donne un premier trait de scie avec une scie à arc ordinaire qui sépare toute l'épaisseur de l'os.

Lorsqu'on fait ensuite fléchir la jambe, les condyles font saillie hors de la plaie, et il est facile d'enlever, au moyen d'un second trait de scie, qui porte sur la face supérieure du tibia, un coin osseux contenant les restes de l'articulation.

On constate alors qu'au niveau du trait de scie inférieur le tissu osseux est sain, mais supérieurement l'instrument a mis à nu des vacuoles creusées au centre du tissu spongieux et renfermant du tissu de granulation grisâtre. Comme d'ailleurs la coaptation des deux surfaces osseuses ne se fait pas sans tension, on enlève une nouvelle tranche d'os sur le fémur.

Pendant ces manœuvres, deux artères rampant dans le périoste et dilatées par suite de l'inflammation chronique ont donné lieu à un jet de sang assez considérable pour exiger la compression de la fémorale. A la fin de l'opération, ces artères ont cessé spontanément de donner, et il n'a pas été nécessaire d'appliquer des ligatures.

La coaptation des surfaces osseuses est maintenant facile, quoique la rétraction des muscles les maintienne assez fortement serrées l'une contre l'autre. En raison de l'état de raréfaction de l'os, M. le professeur agrégé Bœckel n'ose pas appliquer une suture osseuse, par laquelle il avait eu d'abord l'intention de réunir les deux fragments. Le membre est ensuite nettoyé, placé dans une gouttière en fil de fer, qui embrasse même le bassin, et qui avait été préparé d'avance. Au niveau du genou, la gouttière est interrompue et remplacée par une forte tige en fer, coudée de façon à ce que la plaie soit parfaitement accessible de tous les côtés. Le membre est fixé dans cette gouttière par deux larges bandes de diachylon qui le maintiennent parfaitement.

Puis on rabat le lambeau avec la rotule, et on en maintient la partie convexe en place par quelques points de suture. Les deux côtés restent largement béants pour l'écoulement du pus.

Pansement simple.

Le coin osseux enlevé présentait sa partie la plus large en avant et en dedans pour permettre le redressement de la jambe. En y joignant la rondelle enlevée par un second trait de scie, on trouve les dimensions suivantes :

Sur la face antérieure le bord interne mesure 5 1/2 centimètres de haut; le bord externe, 3 1/2 centimètres;

Sur la face postérieure le bord interne mesure 4 centimètres; le bord externe, 2 centimètres.

En le divisant verticalement, on constate qu'il est taillé principalement aux dépens des condyles du fémur; on trouve cependant à la partie inférieure une lamelle du tibia épaisse d'un demi-centimètre, qui est en partie soudée par de la substance osseuse aux condyles, en partie réunie par une couche de tissu fibreux, vestige des cartilages interarticulaires.

Dans la journée on administre au malade 30 gouttes de laudanum dans une infusion de camomille chaude, et on applique sur le genou une vessie de glace. Quelques vomissements.

Le 22, le malade n'a pas beaucoup souffert depuis l'opération. Ce matin il présente une fièvre assez considérable. Pouls 120; température 39°,5. Vers le soir, il est de nouveau pris de vomissements.

Le 23, fièvre vive; pouls 136; température 40°.

En examinant les portions de téguments qui restent visibles à la face antérieure de la cuisse entre les bandelettes de diachylon, on constate l'existence de quelques plaques érysipélateuses. Le pourtour de la plaie qui n'avait pas été en contact avec le diachylon ne présente aucune teinte rosée. Le membre, du reste, n'a pas bougé dans sa gouttière, mais le malade se plaint que le matelassage de la gouttière n'est pas suffisant, et qu'il est blessé en quelques endroits par les fils de fer. On remplace le sparadrap par des compresses nouées autour de la gouttière, et on glisse des plaques d'agaric sous les points douloureux.

Pommade de sulfate de fer au 1/5 sur l'érysipèle.

Sulfate de quinine en pilules n° 12.

Le 24, pouls 120; température 38°,5. On enlève les points de suture.

Les parties réunies de la peau adhèrent complétement; la plaie commence à suppurer; l'érysipèle n'a pas fait de nouveaux progrès et reste borné aux points où avaient été appliquées les bandelettes.

Le 25, dans la nuit, le malade a de nouveau été blessé par la gouttière et a cherché à se soustraire à la pression par de petits changements de position. Il en est résulté un déplacement des fragments osseux et de fortes secousses musculaires qui ont amené un dérangement complet des os, d'autant plus que les compresses les maintenaient moins bien que les bandelettes de diachylon.

A la visite, on trouve le lambeau complétement détaché; l'extrémité inférieure du fémur a glissé tout entière en avant du tibia; l'érysipèle a disparu. On anesthésie le malade pour remettre les os en place et on applique un appareil amidonné, fenêtré au niveau du genou, et qu'on solidifie en y renfermant deux longues attelles de bois, l'une postérieure et l'autre externe, s'étendant depuis la partie supérieure de la cuisse jusqu'au talon.

Le 26, le malade se trouve soulagé dans son nouvel appareil. Il n'est nullement découragé et a toujours confiance dans le résultat du traitement. Les parties molles se couvrent de bourgeons charnus et on en voit déjà d'autres proéminer à la surface de section des os.

Pansement au nitrate d'argent, 1/100. Les symptômes fébriles ont presque disparu.

Le 27, malgré l'appareil amidonné, l'extrémité du fémur fait de nouveau une certaine saillie au devant du tibia. La suppuration est abondante, mais de bonne nature. La plaie a un très-bel aspect.

Température et pouls normaux; appétit bon; sommeil calme et suffisant; nourriture substantielle; portion de vin ordinaire, 200 grammes de vin de Bordeaux.

Le 1er septembre, état général excellent. La plaie est complétement couverte de bourgeons, y compris la surface de section du fémur, qui est de nouveau luxée tout entière en avant du tibia.

On replace le membre dans la grande gouttière de fil de fer, qui a été garnie d'une couche plus épaisse de crins, en réduisant les os aussi complétement que possible.

Deux pansements par jour.

A la face externe de la cuisse et au niveau de la tête du péroné, il s'est formé deux abcès qu'on ouvre avec le bistouri en passant de l'un à l'autre un tube de drainage.

Bonne nourriture, vin à discrétion.

Le 2, le malade se plaint du talon. On y découvre des phlyctènes noirâtres, avec excoriations gangréneuses de la partie superficielle du derme.

Pansement à l'eau blanche, avec addition d'alcool camphré.

Le 3, on enlève de nouveau la gouttière qui gêne le malade, et on le place dans un appareil de Scultet, avec deux longues attelles latérales ayant toute la longueur du membre et une attelle antérieure; au moyen de coussinets appliqués sur la cuisse et sur la jambe, on empêche les attelles de toucher à la plaie.

On ne fait qu'un pansement dans les vingt-quatre heures.

Le 8, les petites plaques gangréneuses du talon sont en voie de guérison; le malade se trouve bien dans son appareil; la suppuration est bonne, peu abondante.

Le 15, avec l'aide obligeant de M. Herrgott, M. le professeur agrégé Bœckel place le membre opéré dans une demi-gouttière postérieure en plâtre. Mais déjà, à ce moment, la réduction complète du fémur n'est plus possible; il fait une saillie de 3 centimètres au devant du tibia. Il est du reste complétement couvert de bourgeons; la plaie se rétrécit journellement.

Le 26, jusqu'à ce jour la cicatrisation n'a pas fait de nouveaux progrès, empêchée qu'elle est par la saillie du fémur, qui est luxée, surtout dans sa partie interne. Il est resté évidemment une portion trop considérable du condyle interne, tandis qu'au côté externe la réduction est assez complète. Il en résulte qu'une certaine déviation de la jambe en dehors reproduit en partie le déplacement primitif. Il est évident que, dans ces conditions, le malade ne pourrait pas guérir, et que surtout il ne pourrait pas se faire de consolidation osseuse. Malgré ce contre-temps, le moral de l'opéré est bon, et il accepte la proposition d'une nouvelle opération qui devra parer à ces inconvénients. Celle-ci est pratiquée le jour même à la clinique.

On chloroformise le malade; puis, en fléchissant un peu la jambe sur la cuisse et en coupant une bride fibreuse qui réunit la peau de la face antérieure de la jambe au milieu de la surface de section du fémur, on arrive facilement à dégager ce dernier, après avoir refoulé le périoste épaissi.

On enlève alors un nouveau coin osseux, taillé aux dépens de la face interne et postérieure de l'os.

La section est faite d'arrière en avant, avec une scie à arc ordinaire dont les dents ont été dirigées en haut. La coaptation des os est alors facile et la rectitude du membre complète. Celui-ci est placé dans un appareil inamovible disposé de la façon suivante : une couche épaisse de ouate entoure tout le membre depuis les orteils jusqu'à sa racine, en laissant une fenêtre au niveau du genou.

On dispose ensuite sur la face antérieure une attelle en tôle, légèrement concave, interrompue au niveau de la plaie du genou par une forte tringle coudée en avant. Elle doit empêcher toute saillie du fémur en avant, sans gêner le pansement.

Pour empêcher cette attelle d'excorier les parties molles et principalement la crête du tibia, on interpose une quadruple couche de carton entre elle et la bande. Le tout est amidonné.

De plus, une large gouttière de plâtre est moulée sur la circonférence postérieure du membre dans toute sa longueur, et remonte le long de la plante du pied.

Le malade est ensuite reporté dans son lit. On a malheureusement égaré la portion d'os enlevée, de sorte qu'on n'a pas pu la mesurer.

Le 28, le malade n'a pas eu de réaction à la suite de cette opération.

L'appareil est parfaitement consolidé aujourd'hui et maintient la jambe dans une rectitude parfaite, sans aucune douleur et sans déplacement.

Actuellement la plaie n'a plus que la largeur d'un bon travers de doigt.

Le 5 octobre, le malade va très-bien. La plaie commence à granuler ; les os n'ont pas bougé. L'opéré mange la portion entière et boit deux litres de vin par jour. On peut facilement soulever la jambe maintenue par l'appareil sans aucune douleur pour le blessé.

Le 2 novembre, mouvement fébrile, douleurs dans la plaie. Gonflement et rougeur de la face externe du genou visible dans la fenêtre. On suppose que l'abcès, qui existait antérieurement à cette région, s'est de nouveau rempli. On entaille l'appareil à ce niveau, et l'on trouve effectivement un petit abcès qu'on ouvre.

Le 14, on est également obligé d'élargir un peu la fenêtre du côté interne, pour ouvrir un petit abcès qui existe à ce niveau. Du reste, l'appareil remplit toujours son but et maintient parfaitement la réduction. La plaie est belle, diminue tous les jours ; le malade va très-bien, et tout promet une guérison prochaine.

Le 30, l'attelle antérieure est enlevée définitivement ; les os sont assez solidement *soudés* pour qu'il n'y ait plus de déplacement à craindre. La plaie est cicatrisée, à l'exception de quelques trajets fistuleux.

Le 3 janvier 1866, il persiste encore quelques trajets fistuleux, qui se ferment et se rouvrent alternativement, mais qui ne livrent passage qu'à des parcelles osseuses insignifiantes. Le membre n'est plus que légèrement assujetti dans la gouttière plâtrée.

Le 4 février, l'opéré, qu'on avait tenu au lit jusqu'ici par prudence, se lève pour la première fois avec des béquilles. Les os sont bien réunis, il n'y a plus aucune mobilité latérale, mais une légère mobilité antéro-postérieure, qu'on pourrait peut-être développer par l'exercice; mais on craint de retarder la guérison. Encore un trajet fistuleux au côté interne de la cuisse.

Avril. Il persiste encore un petit trajet fistuleux, qui se ferme quelquefois et se rouvre; mais l'opéré se porte parfaitement; il engraisse beaucoup et restera à l'hôpital pour se fortifier, en attendant qu'il puisse travailler.

Le 21 juin 1866, quand le malade est présenté à la Société de médecine de Strasbourg, dix mois après la première opération, on constata ce qui suit : le membre inférieur droit est parfaitement rectiligne; mais la jambe se trouve dans une légère rotation en dehors. Le tibia est soudé au fémur sans la moindre trace de mobilité dans aucun sens; la rotule, dont on avait dû détruire des adhérences très-solides, est restée mobile. Au-dessous d'elle on trouve la partie transversale de la cicatrice dans un sillon d'un centimètre à peu près de profondeur, dû à un léger degré de projection du fémur en avant. Sur la ligne médiane une petite fistule s'est rouverte il y a peu de jours et donne quelques gouttes de pus; toutes les autres cicatrices sont solides. Le cou-de-pied est encore raide et ses mouvements un peu limités; la cuisse est bien musclée, et le mollet, qui était complétement atrophié, commence à reprendre depuis les deux derniers mois.

Le raccourcissement total du membre droit est de 13 centimètres; il est compensé par un soulier à talon élevé, que le malade n'a que depuis un jour et qui lui permet de marcher facilement avec deux cannes, en attendant qu'il s'habitue à se passer de ces soutiens. Il paraît certain dès à présent que dans un ou deux mois l'opéré marchera sans aucun appui artificiel.

A la suite de cette opération j'ajouterai quelques remarques relatives à l'opération elle-même et au traitement consécutif.

De toutes les formes d'incisions préconisées pour la résection du genou, celle en *U* m'a paru convenir le mieux dans le cas particulier. Elle me permettait de comprendre toutes les anciennes fistules dans l'incision et de relever facilement la rotule.

J'ai tenu à conserver cet os, qu'on sacrifie souvent sans nécessité, parce que d'un côté je diminuais par là d'une certaine quantité l'étendue de la plaie suppurante, et de l'autre je ménageais le tendon rotulien. Ce ligament a été coupé en effet à son insertion tibiale, et la cicatrice l'a fixé à peu près dans sa position première. Si donc la guérison s'était faite par ankylose fibreuse avec persistance d'une certaine mobilité, l'appareil rotulien aurait servi beaucoup à assurer la solidité de la jambe.

Peut-être même aurais-je pu chez mon malade, d'après le conseil de certains auteurs, rechercher cette légère mobilité antéro-postérieure, qui rappelle les mouvements normaux de l'articulation enlevée. Au mois de février dernier, les circonstances paraissaient assez favorables à cette tentative; les mouvements de latéralité étaient déjà impossibles et il existait encore une certaine mobilité antéro-postérieure qu'on aurait pu développer par des exercices. J'ai cependant renoncé à faire des essais de ce genre, parce que le raccourcissement était assez considérable pour que la solidité du membre fût la première condition à remplir.

L'épaisseur du coin osseux à enlever est facile à calculer d'avance. Il suffit d'appliquer une attelle sur la face interne de la cuisse; l'angle formé par l'extrémité inférieure de cette

attelle avec la jambe déviée donne la mesure du coin. On n'a
qu'à le découper dans une feuille de carton et à le reporter
transversalement sur les os ankylosés. Cependant la pratique
n'est pas aussi simple que la théorie, comme j'ai eu l'occasion
de m'en apercevoir. Ordinairement il ne s'agit pas d'enlever
un prisme tout à fait géométrique, parce qu'à côté de la déviation latérale il existe presque toujours un certain degré de
flexion qui exige que le coin osseux soit plus épais en avant
qu'en arrière. Puis il faut enlever une assez grande épaisseur
d'os pour relâcher les muscles, et on ne peut pas exactement
apprécier d'avance cette quantité. Il faut donc que le prisme
soit plus épais et qu'il représente en réalité un trapézoïde.
Enfin, chez mon malade, le trait de scie supérieur est tombé
dans un tissu osseux très-raréfié, que je n'ai pas voulu laisser
dans la plaie ; j'ai donc fait une seconde section plus haut.

Malgré le morceau considérable enlevé à la première opération, les surfaces de section du tibia et du fémur étaient
encore fortement pressées l'une contre l'autre par l'action
musculaire. Si j'avais pu maintenir facilement les os en place,
cela n'eut pas été un inconvénient ; mais le relâchement des
appareils a bientôt permis au fémur de chevaucher en avant
au point d'empêcher toute cicatrisation. Ce n'est qu'après une
seconde opération et l'excision d'une nouvelle lame osseuse
que le contact aisé des deux os a été obtenu.

Quelques chirurgiens ont pratiqué la résection cunéiforme,
non pas au niveau de l'ancienne articulation, mais plus haut
dans l'extrémité inférieure du fémur, laissant ainsi une tranche
des condyles soudée au tibia. Il est vrai que de cette façon on
a un peu plus de facilité pour dégager les os, et les traits de
scie portent sur des surfaces moins larges ; par contre, on
laboure davantage les muscles de la cuisse, et l'on est exposé
à ouvrir le canal médullaire du fémur et à laisser des tissus
osseux malades au voisinage de l'ancienne jointure. D'ailleurs
la plus grande largeur des surfaces osseuses, si elle augmente

très-faiblement les chances d'ostéophlébite, est au moins bien plus favorable à la solidité de la réunion.

Une circonstance qui m'a frappé à la suite de cette résection, c'est le degré du raccourcissement, qui n'est pas en rapport avec la portion d'os enlevé. Le coin osseux extirpé à la première opération ne mesurait au total que 5 1/2 centimètres dans sa plus grande hauteur, du côté interne. A la seconde opération, j'ai enlevé tout au plus une tranche de 2 1/2 centimètres; le fragment a été égaré, de sorte que je ne puis pas donner la mesure exacte; mais, admettons même 3 centimètres, cela ne ferait qu'un total de 8 1/2 centimètres. Or, après la guérison, la jambe droite se trouve être plus courte de 13 centimètres. Il reste donc un déficit de 4 1/2 centimètres à expliquer.

La disparition des fibro-cartilages interarticulaires, la formation de bourgeons sur les surfaces de section aux dépens du tissu osseux, rend compte de la disparition de 2 centimètres tout au plus. Le reste (2 1/2 centimètres) doit être dû à la résorption du condyle externe pendant l'ostéite qui a causé l'ankylose et le genou valgus. Je dis résorption, car le malade, interrogé à différentes reprises, a toujours affirmé qu'il n'était sorti que de très-petites parcelles d'os par les fistules. D'ailleurs le coin osseux enlevé a présenté, sur différents points, des lacunes considérables indiquant l'existence d'une ostéite raréfiante.

Malgré le raccourcissement notable résultant de ces causes variées, la guérison n'en est pas moins satisfaisante et le malade n'a pas de regrets de s'être soumis à l'opération. Il a regagné un membre droit et solide, qui lui permet, dans un avenir rapproché, de reprendre son travail, grâce à un appareil prothétique des plus simples et des moins coûteux.

De toutes les résections celle du genou présente certainement le plus de difficultés pour le traitement consécutif; c'est ce qui explique la défaveur dont elle est encore l'objet.

Tandis qu'à la hanche on peut souvent se passer de tout appareil de contention (voy. une observation de résection de la hanche, *Gaz. méd. de Strasb.*, janv. 1866, et *Gaz. des hôp.*, 1866, p. 69), au moins chez les enfants on est obligé, au genou, de lutter sans cesse contre la tendance des os à se déplacer.

Le fémur surtout a une grande propension à se porter en avant et à chevaucher sur le tibia. Ce déplacement est principalement à craindre, pendant la première quinzaine, à la suite d'un de ces soubresauts musculaires brusques, qui s'observent aussi après les fractures. La cicatrice déjà formée en avant se déchire ; l'os fait saillie, sa réduction est difficile ou impossible ; il en résulte une suppuration profuse, la fièvre s'allume, le moral du malade s'affecte, et la voie est ouverte à une série d'accidents graves, dont la pyohémie forme trop souvent le terme. Quand même l'opéré résiste dans ces conditions, la guérison est tardive et la consolidation des os ne se fait pas.

Beaucoup de chirurgiens paraissent avoir observé cet accident, à en juger du moins d'après les appareils qu'ils ont proposés. Roser et Billroth (voy. *Traité des résections* de O. Heyfelder, traduit par Bœckel, p. 93) ont essayé d'utiliser la pointe de Malgaigne pour maintenir le fémur déprimé. J'avais pensé arriver au même but par l'emploi d'une longue gouttière en fil de fer, embrassant le bassin et le membre opéré ; mais outre que ce moyen est coûteux, on ne peut jamais mouler d'avance la gouttière sur la jambe malade, et on risque qu'elle ne s'y adapte pas parfaitement. C'est ce qui m'a forcé d'y renoncer.

J'ai employé ensuite chez mon malade l'appareil de Scultet avec attelles latérales et antérieures, qui paraît être principalement en usage en Angleterre ; mais il rend les pansements fort longs, sans assurer la coaptation des os d'une façon exacte.

Langenbeck applique d'ordinaire, immédiatement après l'opération, un appareil plâtré, qu'il fenêtre au niveau de la plaie. Comme les appareils inamovibles d'emblée m'avaient déjà donné de très-beaux résultats dans les fractures compliquées de plaie, j'ai eu en définitive recours à ce moyen chez mon malade. Le succès que j'en ai retiré m'a fait regretter de ne l'avoir pas employé immédiatement, malgré les objections que l'on a élevées contre cette pratique. Au lieu de bandes plâtrées j'ai préféré appliquer d'abord un simple appareil amidonné et fortement ouaté, que j'ai consolidé en y ajoutant en arrière une forte gouttière plâtrée et en avant une attelle en tôle, coudée au niveau du genou et qui devait empêcher toute saillie du fémur dans ce sens.

Il eût été désirable d'immobiliser également la hanche; mais c'est si difficile chez l'adulte, que j'y ai renoncé, et en fin de compte j'ai réussi, sans cet accessoire, à maintenir les os dans une immobilité convenable, qui a amené leur consolidation. Les pansements ont été des plus simples et des plus faciles, grâce à la fenêtre laissée au niveau de la plaie. Au bout d'un mois il a fallu élargir la fenêtre, à cause d'un petit abcès; puis on a enlevé l'attelle antérieure, mais la gouttière postérieure est encore restée deux mois en place sans qu'on l'ait détachée une seule fois du membre. Cette combinaison de l'appareil amidonné avec la gouttière plâtrée donne des avantages qui ne peuvent être fournis par aucun autre procédé, et maintenant que je connais ce moyen de contention, j'entreprendrais une résection du genou avec bien plus de confiance; car, je le répète, le plus grand danger de cette opération réside dans la difficulté de coaptation des os.

A côté des appareils cette indication essentielle pourrait encore être remplie par la suture osseuse que j'ai déjà employée avec avantage après une résection temporaire du maxillaire inférieur (voy. *Gaz. hebdom. de méd. et de chir.*, 1863, p. 304). Bauer, de New-York (*loc. cit.*), a été le seul jusqu'à présent à faire la suture des os après la résection du genou. Je m'étais également proposé de recourir à ce moyen chez mon opéré et j'avais préparé les instruments en conséquence; mais l'état de raréfaction dans lequel j'ai trouvé le tissu du fémur m'y a fait renoncer. L'application d'une suture osseuse ne dispenserait pas d'ailleurs de l'emploi d'un appareil contentif, car le fil de fer coupe le tissu des os tout aussi bien, quoique plus lentement, que les parties molles. Au bout de huit jours déjà, dans le cas cité plus haut, l'anse métallique avait assez divisé le tissu compacte du maxillaire pour que la contention du fragment devînt imparfaite. La suture osseuse ne peut donc être qu'un adjuvant des appareils.

Je ne terminerai pas sans appeler l'attention sur l'usage abusif de la réunion immédiate après les résections. C'est en Allemagne surtout que cette pratique, que je considère comme dangereuse, est en vogue. On espère par là diminuer la suppuration et mettre les os dans les conditions d'une fracture sous-cutanée. Mais on oublie que le plus grand danger ne provient pas de la quantité de pus, mais de sa rétention et des phlegmons qui en sont la conséquence. D'ailleurs, après toute résection, les parties molles avoisinant les os sont nécessairement plus ou moins contuses et par conséquent disposées à suppurer; il est donc illusoire d'y chercher une réunion immédiate. Au genou c'est tout au plus la partie médiane de la plaie qui sera traitée par la suture; les parties latérales devront, au contraire, être maintenues écartées, si elles avaient de la tendance à se mettre en contact. A l'épaule et à la hanche, où des parties molles très-épaisses recouvrent des articulations, ces préceptes doivent être suivis avec plus de rigueur encore; toute espèce de suture est à rejeter après la résection de ces jointures, et l'on doit même empêcher l'agglutination précoce des lèvres de la plaie.